恐龙大追踪

王者无敌——
可怕的杀手异特龙

知识出版社

前言

　　6 500 多万年前，地球上发生了未知的可怕灾难。突如其来的巨变让主宰地球长达 1.6 亿年的神秘恐龙和许多生物一起消失了。直到一名欧洲人发现了许多埋藏在地下的巨大骨骼化石，恐龙这种神秘的动物才慢慢被人了解，并逐渐成为孩子们最感兴趣的史前生物。

　　恐龙是如何生存的？它们有什么样的特殊习性？又是什么原因让恐龙从地球上消失了呢？为了满足孩子的好奇心和探索精神，我们精心打造了《恐龙大追踪》系列丛书。让神秘而有趣的恐龙带领孩子们开启终

极探险的神秘之旅，一起去破解神奇的自然密码！

　　总之，本套丛书用简单活泼的语言和生动逼真的图片引领孩子走进神秘的史前时代；用严谨科学的讲解方式帮助孩子形成对恐龙的系统认识；趣味问题及揭晓答案会和孩子进行充分的互动，让孩子对书本爱不释手。相信这套将精彩图文与独特设计完美融合的图书一定会带领孩子走进超级刺激的恐龙体验乐园，让孩子爱上阅读，爱上探索。

编　者

目录
MULU

二连巨盗龙

类鸟恐龙

　　二连巨盗龙是窃蛋龙家族的成员之一，是一种类鸟恐龙，身上有很多与鸟类类似的特征：例如，二连巨盗龙有喙状嘴，身上似有长长的羽毛。

食性的猜测

　　关于二连巨盗龙的食性，我们还不是很清楚。一些窃蛋龙类被认为是植食性恐龙，但是二连巨盗龙善于奔跑，再加上其前肢巨大的指爪使其与植食性恐龙相差甚远。因此，二连巨盗龙很可能是一种杂食性恐龙。

趣味
问题

二连巨盗龙是如何发展
出较大的身形的?

奔跑能手

二连巨盗龙的脊椎内部有海绵状的结构，这能有效地减轻它们的体重。二连巨盗龙的小腿长于大腿，而且小腿十分纤细，因此二连巨盗龙可以快速奔跑，与体形较大的动物相比，它们可以称得上是奔跑能手。

恐龙之乡

二连巨盗龙的发现地二连浩特是世界闻名的恐龙之乡，这里曾经吸引了来自世界各地的古生物学家前来考察。在此，古生物学家不仅发掘出了二连巨盗龙的化石，还发掘出了苏尼特龙、古似鸟龙、阿莱龙等十余个属种的恐龙化石。

揭晓答案

一般而言，身形巨大的动物有三种不同的生长方式：一是存活时间长；二是生长速度快；三是两者兼具。二连巨盗龙之所以能发展出庞大的身形是因为其生长速度较快。

体形特征

　　类鸟恐龙的身形一般较小，但是二连巨盗龙却进化出了较大的身形。成年的二连巨盗龙身长约 8 米，身高约 5 米，体重达 1 400 千克。

发现意义

　　①2005 年 6 月，二连巨盗龙的化石在中国内蒙古的二连浩特被发掘出来。

　　②二连巨盗龙的化石是迄今为止世界上发现的最大的窃蛋龙类恐龙化石，其化石一经发现就创造了新的吉尼斯世界纪录。

　　③这一重大的科学发现在世界范围内引起了广泛的关注。该发现有助于加深我们对鸟类特征演化的认识，以及了解鸟类的起源与进化过程。

尼日尔龙

梁龙的近亲

　　尼日尔龙是一种生活在白垩纪中期的小型蜥脚类恐龙，其长度约为9米，尼日尔龙的体形特征与生活在北美洲的梁龙相似，因此，人们认为尼日尔龙是梁龙的近亲。

趣味问题

研究发现，尼日尔龙的每颗牙齿都曾断裂多次，这会影响它们进食吗？

你知道吗

?

尼日尔龙是一种全身上下都充满魅力的恐龙，不仅它们的嘴巴与众不同，它们的脊椎骨也和其他恐龙不一样，它们的脊椎中并没有固体填充物，而是充满了大量的气体。

形体特征

尼日尔龙是一种小型恐龙，它们只有大象那么大，它们的头骨非常轻，但是头部却很难抬高超过脊背，所以它们笨重的样子特别像"母牛"。

奇怪的嘴巴

尼日尔龙最奇怪的特征就是它们的嘴巴，它们的嘴巴宽宽的，这样就使得它们的嘴可以最大程度地接触地面觅食，它们有超过50列牙齿，而且沿着其正方形的颌骨紧密排列，因此它们的嘴巴看起来像大剪刀。

当尼日尔龙的牙齿断裂后，原来的位置会长出新的牙齿。此外，尼日尔龙嘴巴的边缘处每月还会有新的牙齿长出，因此断裂的牙齿并不会影响尼日尔龙的进食。

进食方式 >>>>

尼日尔龙是一种植食性恐龙，它们并不像长颈鹿一样抬着头咀嚼食物，而是像母牛一样，低着头大口大口地咀嚼植物。

北票龙

大型羽毛恐龙

北票龙身长约 2.2 米，体重约 85 千克。对于大多数恐龙来说，北票龙的身形较小。但对于长羽毛的恐龙来说，北票龙在很长一段时间内都是已知的身形最大的恐龙，直到 2012 年 4 月，北票龙的地位才被羽暴龙所取代。

颠覆性形象

　　1999 年，古生物学家在北票龙的化石中发现了毛状的皮肤衍生物，而不是鳞片，这一巨大发现改变了人们心中传统恐龙的形象。

趣味问题

　　北票龙两种形态的羽毛各自有什么作用呢？

恐龙大追踪

身披羽毛

北票龙的身上被绒羽状的羽毛所覆盖，除了绒羽状的羽毛，北票龙还有第二种形态的羽毛。北票龙第二种形态的羽毛较长，约10~15厘米，能占到颈部长度的一半，但是羽毛的结构比较单一，由无分支的纤细羽毛构成，不易弯曲或折断，十分坚韧。

揭晓答案

北票龙虽然有两种形态的羽毛，但这两种羽毛都不是飞羽。第一种形态的羽毛具有隔热的功能；第二种形态的羽毛能够起到吸引异性或与同伴沟通的作用。

古生物学家的努力 〉〉〉〉

　　被发现的北票龙化石已经支离破碎，但是古生物学家对发现的化石进行了精心修复。现在，古生物学家能从化石判断出北票龙的形态特征，以及一些更有科学价值的信息。

形态特征

　　相对于其他同属于镰刀龙超科的恐龙，北票龙的头部较大。北票龙的喙状嘴里没有门齿，但是长有边缘带小锯齿的颊齿。进化较完全的镰刀龙超科恐龙都长有四趾，但北票龙的内趾较小，这显示它们可能是从三趾的镰刀龙超科祖先演化而来的。

命名原因

　　北票龙的化石发现于中国辽宁省的北票市附近。这种恐龙因此而得名。北票龙的模式种名为意外北票龙，这是因为它们令人意外的长有羽毛的外形特征。

亚马逊龙化石

亚马逊龙的化石，包括背椎、尾椎、肋骨和骨盆的碎片，是马腊尼昂州的伊塔佩库鲁组所发现的唯一的恐龙化石。

趣味问题

亚马逊龙长有鞭子一样的尾巴，它们的尾巴有什么作用呢？

亚马逊龙

大型植食性恐龙

　　亚马逊龙是蜥脚类恐龙的一种，生活于白垩纪早期的南美洲。它是一种大型四足植食性恐龙，长着长颈及鞭子般的尾巴，身长约12米，其外形特征与梁龙相似。

恐龙大追踪

命名原因

　　亚马逊龙化石是在三角洲的泛滥平原沉积层中被发现的，尽管巴西已经发现了许多恐龙化石，但是亚马逊龙却是第一种在亚马逊盆地附近发现的恐龙，因此被命名为亚马逊龙。

生存优势

　　从化石分布看，白垩纪时期的亚马逊盆地恐龙的种类并不多，而身形巨大的亚马逊龙很可能是当时亚马逊盆地的霸主，即便有肉食性恐龙生存在这一地区，它们对亚马逊龙的生存威胁也并不大。

揭晓答案

　　亚马逊龙细长的尾巴可以起到防御肉食性恐龙的作用，当肉食性恐龙袭击它们的时候，它们就用尾巴抽打袭击者。同时，亚马逊龙还经常挥动自己的尾巴来震慑其他恐龙。

21

趣味问题

似鸟龙和其他恐龙相比似乎不那么强壮，它们是如何防御大型肉食性恐龙的攻击的呢？

美丽的眼睛

　　似鸟龙有一双大大的眼睛，看上去十分美丽，如此美丽的眼睛一定会让一些女孩子嫉妒。似鸟龙的眼睛不光很大，而且还很有用。它们的眼睛十分明亮，即使在漆黑的夜晚，也能看清猎物，从而轻易地捕捉到它们。

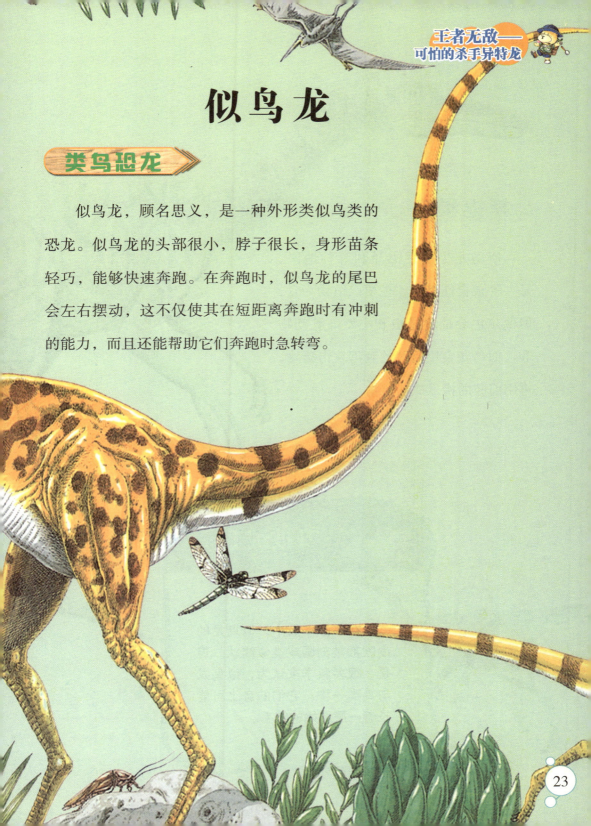

似鸟龙

类鸟恐龙

似鸟龙，顾名思义，是一种外形类似鸟类的恐龙。似鸟龙的头部很小，脖子很长，身形苗条轻巧，能够快速奔跑。在奔跑时，似鸟龙的尾巴会左右摆动，这不仅使其在短距离奔跑时有冲刺的能力，而且还能帮助它们奔跑时急转弯。

捕捉猎物

　　似鸟龙生活在沼泽和森林地区，是一种杂食性恐龙，主要以植物为食，但偶尔也会捕食昆虫和小型哺乳动物等。似鸟龙会用后肢的利爪攻击猎物，再用前肢的指爪抓捕猎物。

身披绒毛

　　在许多作品中，似鸟龙的皮肤都被刻画成类似鳞状。但是，很多科学家认为，似鸟龙与鸟类一样，它们的身上可能长着一层原始的绒毛。

揭晓答案

对于弱小的似鸟龙来说，一旦遭受大型肉食性恐龙攻击，它们最好的防御策略就是迅速逃跑。它们体态轻盈，逃跑时十分灵活。

尖角龙

角龙类恐龙

尖角龙是角龙类恐龙的一种，属植食性恐龙，生存于白垩纪晚期的北美洲。尖角龙的体形中等，身长约 6 米。

角的作用

尖角龙的特殊之处要属它们的面部特征了，这种面部特征表现为它们长有大型鼻角和头盾。自从有角龙类恐龙首次被发现以来，它们的角和头盾的功能一直是人们争论的话题。

满口白齿

尖角龙有一个喙状嘴，长而弯曲，嘴中没有门齿，只有臼齿。在采食的时候，尖角龙会先用喙状嘴咬断树叶或果实的梗，然后再用臼齿咀嚼。

趣味问题

在尖角龙的脖子上方有一个骨质颈盾，这个颈盾有什么作用呢？

显著特征

　　尖角龙最显著的特征是鼻端有一个长长的尖角，不同种类的尖角龙鼻角弯曲的方向可能不同：可能向前弯曲，也可能向后弯曲。除了鼻子上的尖角外，尖角龙颈盾顶端有两个向前弯曲的小角，眼睛上方还有一对小的额角。

目前，古生物学家认为尖角龙颈盾的作用有三种：一是抵抗猎食动物的武器；二是物种内打斗的工具；三是视觉上的辨识物。

强壮的脖子

尖角龙的头、颈盾同身子比较起来显得十分巨大，因此它们需要有很强壮的颈部和肩部。即使是晃动一下脑袋，也会使它们的骨骼承受不小的压力。所以，尖角龙的颈椎紧锁在一起，有极强的耐受力。

沉龙

趣味问题

面对肉食性恐龙的攻击，沉龙有什么样的防御方式呢？

沉龙的"邻居们"

沉龙的化石发现于尼日尔，与沉龙生活在同一时代和同一地区的恐龙有身形较大的肉食性恐龙似鳄龙、长有棘刺的植食性恐龙豪勇龙等。沉龙的这些邻居们有友好的，也有敌对的。有些可以成为它们一起觅食的好伙伴，有些则是它们生存和繁衍过程中的敌人。

独特的体形

　　沉龙生存于白垩纪早期，是一种鸟脚类恐龙。沉龙的体形很大，但身体姿势较低，以低矮处的植物为食。沉龙的前肢短而粗壮，前肢内侧第一指上有锋利的指爪。鸟脚类恐龙的尾巴一般都比较长，但是沉龙的尾巴却很短。

揭晓答案

　　沉龙庞大的体形使其不具备快速奔跑的能力，但是沉龙的身体重心位置很低，在背对猎食者时，它们能够迅速转身面向猎食者，再利用锋利的指爪来攻击猎食者。

31

群居生活

密集分布的栉龙化石显示，栉龙是一种群居生活的恐龙，成群的栉龙生活在一起，能够共同抵御猎食者的袭击。

趣味问题

栉龙的名字有什么特别的含义吗？

栉龙

戴冠恐龙

栉龙的头顶有一个坚硬的头冠，十分引人注目。栉龙的头冠向后方延伸，能够支撑鼻子上方的皮囊，皮囊里有细细的通道，可以像气球一样充气。充气后的皮囊能发出一种独特的声音，低沉而响亮。

外形特点

　　栉龙的头部很小，头颅骨结构复杂，上下颌能做出类似咀嚼的动作。栉龙长有鸭喙般的嘴，能够切断植物。从栉龙的头部后方一直到尾部末端密集排列着棘刺。栉龙的尾巴又细又长，能够保持身体平衡。

牙齿特点

　　栉龙缺乏门齿，但是两颊处排列着数百颗颊齿。栉龙的牙齿虽然很多，但是它们只会使用其中的一小部分。当牙齿磨损严重时，会长出新的牙齿来，代替严重磨损的牙齿。

性情温和

栉龙生活在北美洲和亚洲地区，是一种大型植食性恐龙，性情十分温和，与同类相处相对融洽。

揭晓答案

栉龙，又名蜥嵴龙，名字意为有顶饰、有纹章、有冠、有棘刺的恐龙。栉比喻像梳齿那样密集排列，栉龙的名字形象生动地描述了它们的纹饰密集有序的特点。

声音信号

　　栉龙鼻部皮囊发出的声音是栉龙与同伴之间的联络信号，也可以用来吓跑敌人。古生物学家根据栉龙皮囊的形状推测，皮囊还有另外一个作用，那就是帮助栉龙在水下呼吸。

你知道吗

    通过对已发掘出的梽龙化石的研究，古生物学家发现梽龙的后肢十分强壮，这种恐龙能够用后肢支撑身体站立起来，而且，梽龙的前肢也十分发达，它们能够用四足着地的方式行走。

板龙

体形特征

　　板龙是出现较早的植食性恐龙，这种恐龙体形庞大，身长 6~10 米，体重可达 5 吨。板龙的头部小且狭窄，但是头颅骨非常坚硬。板龙的四肢十分强壮，前肢短小，后肢很长，主要以后足行走。

趣味问题

你知道板龙是怎样消化食物的吗？

三叠纪霸主

　　板龙生存于晚三叠
纪时期，在其出现之前，
最大的植食性动物也只
有今天的猪一样大。板
龙的身材要比之前的植
食性动物大得多，是目前已知的三叠纪
时期最大的陆生动物。拥有庞大的身材
作为后盾，板龙自然成为三叠纪时期的
霸主。

颊 囊

　　为了维持正常的生命需要，板龙每天会食用大量的植物，而且进食速度很快。板龙有一个狭窄的颊囊，在快速进食的时候，颊囊能够避免食物从嘴部溢出。

揭晓答案

　　板龙的牙齿和上下颌结构都不适合咀嚼，因此，板龙会吞下一些石头储存在胃中，依靠石头的滚动研磨，将植物磨成糊状。

有利的进食条件

　　板龙能像袋鼠一样，用后肢站立，然后伸长脖子去采食高大树木的叶子。板龙的口鼻部很长，嘴巴坚硬，牙齿呈锯齿状和叶状，能够轻易地割断坚硬的植物。板龙锋利的前爪也能钩住树枝，从而帮助进食。

朝向两侧的眼睛

　　板龙眼睛生长的位置很特别，它们的眼睛朝向两侧，而不是直视前方，这样就形成了广阔的视线范围，可以随时警戒周围肉食性恐龙的袭击。

你知道吗

？

　　板龙的形象曾经出现在电影《历险小恐龙2》中，另外，在微软研发的游戏《动物园大亨：侏罗纪》中，也有板龙的身影。

站立姿势

　　古生物学家通过分析约巴龙的股骨圆周比例发现，这种恐龙后肢粗壮有力，足以支撑身体的重量。所以，约巴龙能够用后肢站立起来，这样方便它们吃到高处的树叶。

约巴龙

高个子恐龙

约巴龙是一种蜥脚类恐龙，生存于侏罗纪中期的尼日尔。约巴龙是以当地游牧民族神话中的一种动物命名的。成年的约巴龙重 20 多吨，站立起来有 20 多米高。

趣味问题

约巴龙的脖子很长，它们的颈部骨骼结构复杂吗？

45

勺子状的牙齿

　　和其他白垩纪时期的恐龙不同，约巴龙的牙齿像勺子一样。这种牙齿非常适合夹住小树的枝条，确保约巴龙轻松填饱肚子。

短小的尾巴

　　与它们自身长长的脖子不同，约巴龙有着相对短小的尾巴。这使它们具备了同时期的其他蜥脚类恐龙明显不同的身体特点。

压力较小

约巴龙的短尾巴并不能抵御猎食者，但在约巴龙生存的地域，它们很可能是最大的恐龙，因此它们的生存压力并不是很大。

揭晓答案

约巴龙的脖子由 12 个颈椎骨组成，与拥有复杂的颈椎骨和尾骨的恐龙相比，约巴龙的颈部骨骼结构已经非常简单了。

恐龙大追踪

似鸵龙

类似鸵鸟

　　似鸵龙生存于白垩纪晚期的加拿大亚伯达省，属于兽脚类恐龙，似鸵龙的样子和鸵鸟特别相像，是一种类似鸵鸟的长腿恐龙。

趣味
问题

你知道似鸟龙与似鸵龙之间有什么区别吗？

食性特点

　　似鸵龙是一种杂食性恐龙，它们的食谱十分丰富。似鸵龙不仅吃植物的新芽，还捕食小型动物和昆虫。似鸵龙前肢上的爪子并不能帮助它们捕捉猎物，而是用来抓扯树枝，送到嘴里的。

助跑优势

似鸵龙在飞快地越过一段崎岖不平的坡地时，它们的尾巴会起到保持平衡的作用。似鸵龙脚上长着平直的、狭窄的爪子，这些爪子就好像跑鞋上的钉子，可防止似鸵龙全速追赶它们的猎物时脚下打滑。

自身特点

似鸵龙与鸵鸟的不同之处在于，它们长着长长的尾巴，其长度能达到 3.5 米，占了整个身长的一半还多。长尾巴不像它们可自由弯曲的脖子那样灵活，当似鸵龙飞奔的时候，它们就把尾巴僵直地伸在后面。

短跑冠军

似鸵龙的后肢不仅长，而且十分有力，很适合奔跑，尤其适合短距离奔跑，而且速度飞快。似鸵龙因此被称为恐龙世界中的"短跑冠军"。

揭晓答案

　　似鸟龙与似鸵龙都是外形与鸟类相似的恐龙，但二者有明显区别：似鸵龙的前肢更长，指爪更有力，并且似鸵龙的脖子十分灵活，可以弯曲活动。

窃蛋龙

最像鸟类 ▶

窃蛋龙是一种外形奇特的小型恐龙，最像鸟类，大小与鸵鸟相近。窃蛋龙的头顶有一个脊冠，一般认为，这个脊冠是装饰用的。窃蛋龙还有一条类似袋鼠的长尾巴。此外，一些科学家认为，窃蛋龙的身上可能长有羽毛。

趣味问题

人们一直认为窃蛋龙有偷蛋的行为，是什么原因让人们产生了这种想法呢？

恐龙时代的"火鸡"

窃蛋龙体形较小，而且有着长长的尾巴，在外形上最明显的特征是头部短，而且头上还有一个高耸的骨质头冠，非常像现在的火鸡。

筑巢能手

窃蛋龙是一种群体生活的恐龙，成年窃蛋龙会在繁殖期到来时在群体的领地内修筑自己的巢穴。窃蛋龙的巢穴由泥土筑成，呈圆锥形，巢穴中心深约一米，直径两米，每个巢穴相距 7 ~ 9 米远。窃蛋龙可谓是恐龙家族中的"筑巢能手"。

奇特的爪

窃蛋龙的前肢很强壮，爪子上长有三指，指尖上长有尖锐而弯曲的爪，第一指比其他两个指要短许多。窃蛋龙的爪子很灵活，能够向内弯曲成弧状，从而牢牢地抓住食物。

命名原因

　　古生物学家发现窃蛋龙的骨骼化石时，发现这具骨架正好趴在一窝原角龙的蛋上，当时的古生物学家认为这种恐龙正在偷其他恐龙的蛋，于是古生物学家将这种恐龙命名为"窃蛋龙"。

揭晓答案

　　因为窃蛋龙有着和鸟喙相似的嘴，而且在它们的嘴里没有牙齿，人们想象它们把蛋含在嘴里，再利用外力把蛋敲破。就这样，窃蛋龙一直被人们误会是"偷蛋的贼"。

并不偷蛋

　　古生物学家研究认为，窃蛋龙其实并不偷窃其他恐龙的蛋。窃蛋龙虽然是一种杂食性恐龙，但是它们多以软体动物为食，它们那类似鸟喙的嘴可以轻易敲碎坚硬的软体动物的壳。

孵蛋的恐龙

　　窃蛋龙的身上可能长着羽毛，这种身体结构为窃蛋龙孵蛋提供了条件。因此，古生物学家认为，窃蛋龙不但不会偷窃其他恐龙的蛋，反而还可能有孵蛋的行为。

55

角鼻龙

得名原因

角鼻龙体长 6~8 米，体重 0.5~1 吨。角鼻龙最大的特征就是鼻子末端长有一个短角，双眼之间还长有一对突起，角鼻龙正是因为这样明显的头部特征而得名。

生存的时代

角鼻龙生存在侏罗纪晚期的北美洲，当时整个世界都已经是恐龙的天下了，角鼻龙与异特龙、蛮龙、迷惑龙、梁龙及剑龙生存在相同的时代和地区。

趣味
问题

角鼻龙鼻子上的角很特
别，它有什么作用呢？

57

生存状况

　　虽然角鼻龙是凶猛的肉食性恐龙，但是它们的体形并没有异特龙、蛮龙大，而它们的捕食对象却与异特龙、蛮龙相同，所以它们的生存状况实际上并没有那么乐观。它们必须做出更多的努力，才能保证不让自己的猎物被更大的异特龙、蛮龙抢走。

揭晓答案

　　很多古生物学家认为角鼻龙的短角是进攻或防御用的，但是也有很多古生物学家认为，角鼻龙的短角只是起到炫耀或威慑的作用。

强壮的身体

角鼻龙的身体结构比例匀称，强壮的后肢赋予了它们极强的奔跑能力，短而有力的前肢则是它们的捕食利器。与很多肉食性恐龙一样，角鼻龙的大嘴中长满了短刃一般的牙齿，并拥有十分强大的咬合力量。

独特的尾巴

角鼻龙的尾巴较长且左右扁平，与现今的鳄鱼尾巴很相似，这显示角鼻龙可能有很强的游泳本领。这也从侧面说明，角鼻龙除了捕食陆地动物，水中的鱼类也可能是它们经常猎捕的食物。

原巴克龙

个体档案

　　原巴克龙生存于白垩纪早期的中国，是禽龙类恐龙的一种，属植食性恐龙。原巴克龙与巴克龙有着非常亲近的血缘关系。

进一步研究

　　在很多资料上，原巴克龙的身长、体重和生存年份都不详，因此并没有十分明显的辨认方式，对它们的研究还需要进一步的努力。

面部特征

　　原巴克龙拥有狭窄的口鼻部、修长的下颌和多排齿系。每个齿系各有两排平坦的颊齿和一排替换用的牙齿。

趣味问题

原巴克龙既然是禽龙类恐龙，那么它们的行走方式是怎样的呢？

头部特征

原巴克龙的头骨位置低平，眼眶到枕骨后部略宽，下颌的绞合处位于齿列线之下，这种结构能使原巴克龙更有效地咀嚼食物。

61

揭晓答案

　　原巴克龙的前肢修长，具备行走能力，这种恐龙很可能以四足行走，但在进食的时候，原巴克龙能够用后肢支撑身体。

体态轻盈

原巴克龙身长约 5.5 米，体重约 1 吨，这反映出原巴克龙的体形较轻盈。它们的前肢修长，前爪第一指上有小型指刺。

戈壁原巴克龙

戈壁原巴克龙是原巴克龙的一种，体长约 5 米，化石标本发现于中国内蒙古的阿拉善左旗毛尔图，其头部特征是前上颌骨很小；外翼骨和颧骨垂直；颧骨细长；上颌骨齿不发达。

似鸡龙

模仿鸡的恐龙

　　似鸡龙的学名意为"善于模仿鸡的恐龙"，但实际上，从外表看上去，它们更像是鸵鸟。似鸡龙的身高是人的3倍，体重有450千克，这远比任何一只鸡都重得多。似鸡龙的头很小，脖子很长，嘴部很像鸭嘴，嘴中没有牙齿。

大眼睛

似鸡龙的眼睛很大，长在头的两侧，大眼睛能够帮助似鸡龙环顾四周，快速发现身边的危险。

趣味问题

似鸡龙有哪些善于奔跑的身体特征？

善于奔跑

　　似鸡龙是一种十分善于奔跑的恐龙，它们的速度能超过任何一匹赛马，这是因为似鸡龙的身体有很多适应快速奔跑的特征。

指 爪

似鸡龙的前肢上有三个指爪，十分锋利，但是似鸡龙的指爪并不能很好地抓取东西，也撕不开肉。不过，似鸡龙的指爪还是有很多用处的，它们的指爪长而弯曲，能够钩住植物，也能够拨开泥土，挖出埋在泥土中的蛋作为食物。

你知道吗

似鸡龙是一种杂食性恐龙，多数情况下，似鸡龙以植物为食，但是它们偶尔也食用小型昆虫和哺乳动物，有时似鸡龙也会捕食蜥蜴。似鸡龙在进食的时候主要依靠的是它们的喙状嘴。

化石的发现

　　20世纪70年代早期，古生物学家
在蒙古戈壁沙漠发掘出了似鸡龙的化石。
似鸡龙的头骨与鸟类的头骨很像，它们
的脑容量很小，只有高尔夫球那么大。

揭晓答案

　　似鸡龙的骨骼是中空的，体态轻盈，长长的后肢使其在奔跑时的跨步很大，僵直的尾巴则能够在其奔跑时保持身体平衡。

异齿龙

畸形牙齿

异齿龙又称畸齿龙，意为"长有不同类型牙齿的蜥蜴"，它们生活在早侏罗纪的南非，是原始的鸟脚类恐龙，同时也是鸟脚类中体形最小的恐龙之一。

趣味
问题

异齿龙的牙齿长得很特别，它们有什么特点呢？

你知道吗

?

异齿龙的前肢长有 5 个指，第一指很锐利，相比其他指是最大最长的，而且可以自由弯曲。第二指长于第三指，而且同样可以弯曲。第四和第五指很小，相比前三指结构简单。

71

休眠时期

古生物学家推测，异齿龙会通过迁徙的方式选择最适宜的生存环境，但是，当一年中最干旱的季节到来的时候，异齿龙就会停止迁徙，进入休眠的状态中，直到干旱季节过去，它们才会苏醒过来。

娇小恐龙

异齿龙和生存于白垩纪的大型禽龙类和鸭嘴龙类恐龙相比，像一个刚出生的小宝宝，体长只有0.9~1米，还没有山东龙的前肢长。

异齿龙是一种杂食性恐龙，其大型的颌骨上长有两种不同类型的牙齿，分别为咬断坚硬植物的锋利门牙和与肉食性恐龙搏斗的犬齿。

行动敏捷

异齿龙后肢的胫骨比股骨长 30%，这样的后肢构造可以很好地适应高速运动，而且，异齿龙后肢修长有力，它们很可能是一种以后足行走、行动敏捷的小型恐龙。

拟鸟龙

白垩纪蒙古的"大鸟"

在 7 000 万年前的白垩纪，蒙古地区生活着一种样子很像鸟类的恐龙，这就是拟鸟龙。它们是肉食性恐龙的后裔，却没有牙齿，虽然它们长得像鸟，但是我们还不知道它们是不是像鸟一样拥有羽毛。

趣味问题

拟鸟龙是没有牙齿的，那么，它们是怎样进食的呢？

生活习性

　　在蒙古西部戈壁上有一片著名的"恐龙墓地"，这是在 0.9 亿年前一群年轻的拟鸟龙集体陷于泥潭死亡形成的。这片"墓地"的发现揭示了拟鸟龙的生活习性，即它们在年轻的时候就形成了群体生活，年幼的拟鸟龙群体得不到成年拟鸟龙群体的照顾。

体形特征

成年拟鸟龙身长 1.5 米，臀部高约 45 厘米，属于一种小型恐龙。它们的头颅很小，但是脑部却很大，颈部细长，从臀部的特点推测出它们有很长的尾巴，脚部也是修长的。

揭晓答案

拟鸟龙虽没有牙齿，但在其前上颌骨尖端有一列像牙齿一样的伸出物，伸出物有锯齿状边缘，拟鸟龙正是依靠这种结构来进食的。

鸟类的近亲之争

与大多数恐龙不同，拟鸟龙的外形与鸟类极其相似，所以在它们被发现之初的很长一段时间里，拟鸟龙都被认为是鸟类的近亲，这样就与始祖鸟是鸟类祖先的观点产生了矛盾。目前，大部分的理论还是侧重于将拟鸟龙归类于窃蛋龙的一种。

善于奔跑

拟鸟龙的后肢修长，每个后爪上长有三个趾，趾的尖端有狭窄的尖趾爪。拟鸟龙的胫骨比股骨长，这些特征显示出拟鸟龙是善于奔跑的恐龙，同时它们也是跑得最快的恐龙之一。

巨型眼睛 >>>>

　　我们已经知道了似鸡龙的眼睛很大，其实雷利诺龙的眼睛更大，因为它们居住在澳大利亚的极地森林中，而极地一年中有六个月的黑暗期，所以为了适应这种黑暗，雷利诺龙就有了巨型的眼睛。

雷利诺龙

生活在低温中的恐龙

雷利诺龙的化石首先是在澳大利亚的恐龙湾中被发现的，这个地方在雷利诺龙生活的白垩纪时期是很寒冷的，因此，许多科学家推测雷利诺龙是温血动物。

趣味问题

雷利诺龙是筑巢生蛋的，那么你知道它们是怎么抵御入侵巢穴的敌人的吗？

形体特征

雷利诺龙是恐龙中体形相对较小的，它们的身长只有 60~90 厘米，体重也很轻，只有 10 千克左右，体形如此小的雷利诺龙能够在恐龙时代存活这么久，是很不容易的。

群 居

在动物的世界中，有社会结构的群体会聚集筑巢，很多恐龙都有集体筑巢的习性，最有名的群众恐龙就是雷利诺龙，这种群居的形式既可以保证雷利诺龙的安全，也有利于它们觅食。

食　物

　　雷利诺龙是一种植食性恐龙，它们的食物包括蕨类、苔藓和石松等，专家推测它们还可能擅长找到植物更有营养的部分来吃，如植物的果实和新长出来的嫩芽等。

揭晓答案

　　雷利诺龙是一种筑巢的动物，根据大多数筑巢动物的行为，我们可以推测出雷利诺龙保护巢穴的一种有趣的方式，就是将筑巢的材料向入侵者乱丢。

萨尔塔龙

远古时代的蜥蜴

　　萨尔塔龙生存于白垩纪晚期，又叫索他龙，意为"萨尔塔省的蜥蜴"，从它们名字的意义可以看出，萨尔塔龙属于蜥脚类恐龙，但是这个相对我们来说的庞然大物，在蜥脚类恐龙中算是相当小的。

趣味问题

　　萨尔塔龙的头无法高过肩膀，那么它们是如何采食高处的植物呢？

身披骨板

　　萨尔塔龙皮肤上嵌有骨板，这些骨板由皮内骨形成，大的骨板有人的手掌大小；小的骨板在皮肤上紧密排列，只有豌豆大小。这些骨板在发现时是独立于其他骨骼的，所以刚发现的时候萨尔塔龙被推测属于甲龙类恐龙。

无法抬高的头

萨尔塔龙特殊的颈部结构显示出了它们脖子的特点。就是它们没办法把头抬高过肩膀。想一下，对于一种植食性恐龙，尤其是一种个子不高的植食性恐龙来说，这将是多么可怕的一件事。

群居恐龙

1997 年，古生物学家在阿根廷发现了一个龙蛋巢，这些恐龙蛋被推测是萨尔塔龙的，这么多的蛋聚集在一起，显示出萨尔塔龙是群居的，它们依靠群居以及身上的骨板来抵御大型猎食者的攻击。

钝的牙齿

　　萨尔塔龙是恐龙中看起来比较温顺的一种，因为恐龙给我们的凶恶感，往往是来自它们锋利的牙齿，但是萨尔塔龙的牙齿仅长在嘴部的后方，而且是钝的，长有这样牙齿的萨尔塔龙似乎没有那么凶悍。

揭晓答案

　　萨尔塔龙能以后足站立。它们站立时，后足与尾巴之间形成了一个稳定的三脚架，能够支撑沉重的身体，这样萨尔塔龙就可以采食到高处的植物了。

85

葬火龙

身体特点

　　葬火龙的化石是在蒙古发现的，这种恐龙身长约 3 米，外形特点与鸸鹋有些相似之处，但明显的区别是葬火龙长有长尾巴。葬火龙的头颅骨很短，头顶上长有高高的冠状物。葬火龙的喙状嘴坚硬而有力，但是嘴中没有牙齿。

趣味问题

葬火龙外形与鸟类相似，那么，它们有与鸟类相近的习性吗？

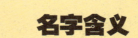

名字含义

葬火龙的学名在梵语中意为"火葬柴堆的主",即藏传佛教神话中的尸林主。尸林主通常用两个被火焰包围并正在跳舞的骨骼来代表,而葬火龙化石被发现时保存得非常完好,所以古生物学家才会用这个名字来命名葬火龙。

87

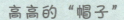

高高的"帽子"

葬火龙的冠状物是其最明显的外形特征，这个冠状物就像是葬火龙的帽子，这样的外形特征与现在的鹤鸵相似。

四肢特征

葬火龙的前肢较长，前肢上有三指，指上有可以弯曲的指爪，可以帮助其进食。葬火龙的胫骨和足部很长，可以快速奔跑。

88

揭晓答案

古生物学家曾发掘出一具趴在蛋上的葬火龙化石，其前肢覆盖整个巢穴。这证明葬火龙很有可能与现在的鸟类一样，有孵蛋的习性。

非肉食性恐龙

葬火龙虽然是从肉食性恐龙演化而来的，但它们却是杂食性或植食性的，并且葬火龙没有牙齿，也没有其他利于捕食的身体优势。

异特龙

体形特征

异特龙又叫跃龙、异龙，是一种以后足行走的大型恐龙。异特龙的头骨很大，眼睛上方有角冠，嘴中有锋利如刀的牙齿。

趣味问题

异特龙眼睛上方的角冠有什么作用呢？

进食方式

　　一些古生物学家认为，异特龙的牙齿与它们的身形相比相对较小，异特龙可能不会费力去杀死猎物，而是从猎物身上咬下不足以致命的肉块。这样猎物就会有痊愈的机会，也能供异特龙再次猎食。

四肢特点

异特龙的前肢较小，但十分灵活，而且长有尖锐而弯曲的爪子，后肢强壮，尾巴又粗又长。这样的四肢有利于它们捕食猎物。

揭晓答案

异特龙的眼睛和鼻骨上方的角冠有很多作用，例如替眼睛遮光、视觉展示或者是作为战斗的武器等等。

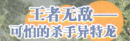

大型猎食者

异特龙是北美洲常见的大型肉食性恐龙，处于食物链的顶端，经常以大型植食性恐龙为食。除此之外，异特龙也吃死去动物的尸体。

侏罗纪最聪明的恐龙

异特龙是少有的既拥有庞大身体又非常聪明的恐龙，它们行动灵活，生性"狡猾"，是侏罗纪最可怕的恐龙之一。

尾羽龙

羽毛覆盖

尾羽龙的体形和火鸡相似，身披羽毛，短小的前肢呈翼状，上面长满大片的羽毛，尾巴还有羽扇。尾羽龙的羽毛并不像鸟类的羽毛是帮助飞行的，而是用来保持体温和吸引异性的，因此尾羽龙的羽毛很可能颜色鲜艳。

羽毛的特点

尾羽龙的羽毛有明显的羽轴，也有羽片，总体上看与现代鸟类的羽毛十分相似。但是，尾羽龙的羽片是对称分布的，而鸟类的羽片则是非对称分布的。

趣味
问题

尾羽龙长了很多羽毛，
为什么不能飞行呢？

不同意见

　　并非所有科学家都认为尾羽龙是恐
龙，有些科学家持续地提出反对意见，
反对鸟类与兽脚类恐龙之间有演化关
系，认为尾羽龙是一种无法飞行的鸟
类，而且跟恐龙没有亲缘关系。

杂食性恐龙

尾羽龙生活在海滨和河岸附近，可能是一种杂食性恐龙。它们的喙状嘴很尖，能够咬断植物，除此之外，它们可能还食用肉类。

尾羽龙化石

尾羽龙的化石发现于中国辽宁省的尖山沟，属于义县组。过去，尾羽龙似乎是该地区的常见动物。当地还生存着其他有羽毛的恐龙，例如帝龙、中国鸟龙等。

揭晓答案

尾羽龙的尾巴很短，并不能用来保持身体平衡。短小的羽毛以及短手臂，都不利于尾羽龙的飞行，因此尾羽龙只能行走。

恐龙大追踪

扇冠大天鹅龙

巨大的天鹅

　　扇冠大天鹅龙是鸭嘴龙中赖氏龙的一种，它们的名字意为"巨大的天鹅"，扇冠大天鹅龙的发现为赖氏龙家族又增加了一个新的成员，这也体现了赖氏龙科的多样性。

趣味问题

扇冠大天鹅龙的特殊冠饰是否具有装饰作用呢？

发现地

　　扇冠大天鹅龙是在俄罗斯远东阿穆尔州地区附近的察尕沿组首先被发现的，这次发现是赖氏龙亚科在北美洲外第一次被发现，因此有着特别的意义。

不断替换的牙齿

　　在扇冠大天鹅龙复杂的上下颌上长有数百颗牙齿，可以做出类似咀嚼的动作，因此扇冠大天鹅龙的进食速度可能很快，并且这些牙齿一直在生长和替换中。

揭晓答案

扇冠大天鹅龙的冠饰不只起到装饰作用，其高大、宽阔、中空的冠饰里面包含着鼻管，可能是它们的视觉辨认物或发声器。

特殊的冠饰

许多鸭嘴龙类的恐龙头顶上都有造型独特的脊冠，但是扇冠大天鹅龙的冠饰和其他恐龙的有所不同，它们的冠饰向后，形状像短斧或尾扇。这样特殊的冠饰成为扇冠大天鹅龙与其他恐龙区别的重要标志。

你知道吗

？

为了吃到地面上的低矮植物，扇冠大天鹅龙会以四足着地的方式觅食，而一旦遇到危险，扇冠大天鹅龙能够抬起前肢，以后肢着地快速奔跑。

禽 龙

四肢粗壮的恐龙

　　禽龙是继斑龙之后第二种被命名的恐龙。人们最初发现的禽龙化石只有牙齿，后来又陆续发现了其他部位的化石，人们才慢慢地了解这种恐龙的长相。禽龙的四肢都很粗壮，前肢上有尖爪，尾巴又粗又长。

进食方式

禽龙并不像任何现存的爬行动物，它们的下颚联合处缺乏牙齿。禽龙的牙齿最类似二趾树懒和已灭绝的地懒磨齿兽，形状为勺状。禽龙拥有可卷曲的舌头，可用来勾取食物，如同长颈鹿。

趣味问题

禽龙的后腿是很强壮的，那么它们是不是跑得很快呢？

分布范围

　　禽龙的分布十分广泛，化石多发现于欧洲的比利时、德国和英国。此外，禽龙的化石也出土于北美洲、亚洲以及北非地区。

揭晓答案

禽龙的后腿虽然很强壮，但是禽龙并不善于奔跑。这可能是因为禽龙的后腿过于强壮，而使其过于沉重。

敢于反抗

禽龙是一种群体生活的恐龙，性情十分温和，但是在遇到肉食性恐龙的袭击时，它们却是敢于反抗的，禽龙的前肢上长有尖爪，这些尖爪是禽龙与肉食性恐龙搏斗的"利器"。

葡萄园龙

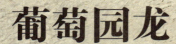

说葡萄园龙是"高个子",不只是因为葡萄园龙的个头很高,而且它们还有着长长的脖子和长长的尾巴。葡萄园龙是泰坦巨龙类恐龙的一种,它们由鼻端至尾巴有 15 米长,是恐龙中不折不扣的"高个子"。

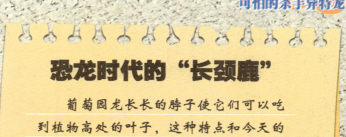

恐龙时代的"长颈鹿"

葡萄园龙长长的脖子使它们可以吃到植物高处的叶子，这种特点和今天的长颈鹿很相似，它们的这种生理特点也为它们成为植食性恐龙提供了条件。

趣味问题

葡萄园龙的名字没有霸王龙等恐龙应有的霸气，这个名字是怎么确定的呢？

107

头大无脑

长脖子、长尾巴的葡萄园龙是地球上曾经存在过的大型恐龙之一，但是经过研究，它们的大脑只有网球那么大，而且它们的大脑并没有随着进化而改变太多，我们很难理解它们是怎么在恐龙时代生存下来的。

揭晓答案

葡萄园龙的名字来源于一个古希腊名词，意为"葡萄树"，这种恐龙的化石最早是在法国南部的一个葡萄园中被发现的，所以这种恐龙被命名为"葡萄园龙"。

身体覆盖装甲

　　除了长颈及长尾巴的特点，葡萄园龙的
背部有皮内成骨形成的鳞甲，这种由成骨形
成的鳞甲在它们的身体表面形成了一层装甲，
有效地保护了它们的皮肤，从而保证了这个
庞然大物不至于轻易受伤。

僵硬的脖子

　　葡萄园龙虽然有着长长的脖子，但是它们的脖子似乎并不很灵活，从它们和长颈巨龙的化石对比分析得出，葡萄园龙的颈部仅能做出有限度的左右摆动。

你知道吗

?

　　葡萄园龙化石的首次发现是在1989年，当时只有肋骨、脊椎及四肢的骨头和四片不同大小的鳞甲，没有发现头颅骨，只发现一颗牙齿，而且它们来自不同的个体。后来，又发掘出更多的化石，包括一具较完整的骨骼、部分头颅骨及下颌。

腕 龙

庞然大物

　　腕龙曾经是地球上最大的陆生动物之一，也是最著名的恐龙之一。腕龙是一种体形庞大的植食性恐龙，它们身长约 23 米，能吃到 15 米高处的叶子，这是长颈鹿取食高度的两倍。腕龙的体重能达到 30~50 吨，是非洲象的 12 倍。

趣味问题

　　腕龙长得如此巨大，每天需要吃多少食物呢？

恐龙中的"潜水员"

　　腕龙的鼻孔长在头顶上，很多古生物学家认为这是为了方便在水里潜水的时候换气。腕龙潜水的本领可不小，有些专家认为它们可以长时间潜在水里不用换气，另一些专家认为它们可以在水中潜20分钟以上。至于真实情况，还需要学者进一步考证。

外形特点

　　从外形上看，腕龙最主要的特征就是小脑袋，长脖子，粗短的尾巴。腕龙的头部很小，这显示它们并不是一种聪明的恐龙。腕龙的头顶有突起的鼻突，因此它们的嗅觉十分灵敏。腕龙以四足着地的方式行走，这样四肢能够平均分担身体的重量，不会给某一部分身体造成太大的负担。腕龙的脚掌十分厚实，行走的时候能够起到减震的作用。

不负责的"妈妈"

　　雌性腕龙在产蛋的时候并不做窝，而是边走边产蛋，这样腕龙蛋就排成了一条直线。小腕龙在孵化出来后，雌性腕龙可能已经迁徙到了很远的地方，所以它们根本不会照顾自己的孩子。

揭晓答案

　　为了满足庞大身躯的能量需要，腕龙每天要吃1 500千克的食物，它们每天都要不停地进食，堪称体形巨大的"贪吃鬼"。腕龙在进食的时候不会咀嚼，而是将食物整块吞下。

王者无敌——
可怕的杀手异特龙

独特之处

与大多数恐龙不同的是，腕龙的前肢要比后肢长，这种独特的身体结构可以支撑住长脖子的重量，保持身体平衡。

容易辨认 »»»

腕龙身躯庞大，前肢长于后肢，且尾巴短粗。超长的脖子使头部能抬得很高，这些都成为辨认腕龙的重要标志。

117

食蜥王龙

外形特点

食蜥王龙生存于侏罗纪晚期，是一种体形较大的肉食性恐龙。食蜥王龙身长 10.5~15 米，体重约 3 吨。食蜥王龙背部的神经棘上有垂直的椎板，还有类似绞肉机的人字形骨。食蜥王龙的头顶长有额角，但是其作用至今未明。

趣味问题

食蜥王龙的名字意为"以蜥蜴为食的专家"，那么食蜥王龙是不是只吃蜥蜴呢？

食蜥王龙与食蜥龙

食蜥王龙与食蜥龙的名字很像，古生物学家曾经怀疑二者是否是同一种恐龙。经过鉴定，古生物学家发现，食蜥王龙与食蜥龙是两种不同的恐龙。

北美洲的大型猎食者

食蜥王龙的化石发现于美国新墨西哥州和奥克拉荷马州，其所处的地层偏上，这显示食蜥王龙很晚才到达这一地区。古生物学家发掘出的食蜥王龙化石数量十分有限，因此，食蜥王龙具体的习性和行为我们还不得而知。但能确定的是，食蜥王龙是北美洲最大型的肉食性恐龙之一。

揭晓答案

食蜥王龙并不是只捕食蜥蜴，在食蜥王龙化石的发现地还发现了迷惑龙的化石，因此古生物学家推断，食蜥王龙还会以迷惑龙为食。

与异特龙的关系

　　食蜥王龙与异特龙之间有着非常密切的关系，虽然它们存在一些差异，但是这种差异是非常少的，食蜥王龙与异特龙的区别几乎很难发现，如果一定要说有的话，那就是颈椎与尾椎的一点点差异。

激 龙

肉食性恐龙

　　激龙是兽脚类恐龙的一种，生存于白
垩纪早期的巴西。激龙是一种以后足行走
的大型肉食性恐龙，身长约8米，背部高
度为3米。

命名原因 》》》》

　　古生物学家看到已被复原的激龙头骨化石时非常激
动，于是他们决定将这种恐龙命名为"激龙"。

趣味问题

激龙最喜欢的食物是鱼类，那么激龙是如何在水下捕食体表光滑的鱼类的呢？

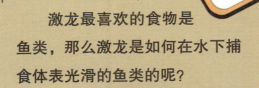

食性特点

激龙生活在海岸附近，既可以捕食陆生动物，也可以捕食水生动物，激龙有时甚至还会以动物的尸体为食。

体形特征

激龙头顶有一个形状独特的头冠，但是其作用至今不明。激龙的口鼻部既扁又长，颚部和牙齿与现代的鳄鱼类似，鼻孔位于头骨的后方，这种构造有利于它们捕食鱼类。

化石的发现与复原

目前已被发掘的激龙化石很少，业余化石挖掘者在巴西发掘出了激龙的部分头颅骨。为了让头骨看上去更完整，业余化石挖掘者在激龙头骨化石的头顶涂上了石膏，再将其高价售出。古生物学家花费了大量的财力和时间才得以复原激龙的原貌。

揭晓答案

　　激龙长有骨质次生颚，能将头浸在水下捕食鱼类，激龙的牙齿很长，略呈圆锥状，能咬住体表光滑的鱼类。

附：称霸白垩纪

一天，霸王龙无意闯入了阿利奥拉龙的领地。

阿利奥拉龙突然发动攻击，想教训霸王龙。

霸王龙非常灵敏，咬住了阿利奥拉龙的脖子。

阿利奥拉龙只好认输逃走。

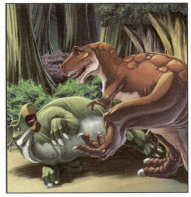

霸王龙饿了，正想捕食一只戟龙。

达氏吐龙突然出现，抢了它的猎物。

霸王龙非常生气，与达氏吐龙展开决斗。

达氏吐龙失败了，霸王龙成了无敌的王者。

图书在版编目（ＣＩＰ）数据

王者无敌：可怕的杀手异特龙／崔钟雷编著. --
北京：知识出版社，2014.9
　（恐龙大追踪）
　ISBN 978-7-5015-8207-5

Ⅰ．①王…　Ⅱ．①崔…　Ⅲ．①恐龙－普及读物　Ⅳ.
①Q915.864-49

中国版本图书馆 CIP 数据核字(2014)第 214158 号

恐龙大追踪——王者无敌：可怕的杀手异特龙

出 版 人	姜钦云	
责任编辑	李易飏	
装帧设计	稻草人工作室	
出版发行	知识出版社	
地　　址	北京市西城区阜成门北大街 17 号	
邮　　编	100037	
电　　话	010-88390659	
印　　刷	北京一鑫印务有限责任公司	
开　　本	889mm×1194mm　1/16	
印　　张	8	
字　　数	80 千字	
版　　次	2014 年 9 月第 1 版	
印　　次	2020 年 2 月第 3 次印刷	
书　　号	ISBN 978-7-5015-8207-5	
定　　价	28.00 元	